恐龙小Q

恐龙探索之旅
自然简史

恐龙小 Q 少儿科普馆　编

北京日报出版社

目录

目录

被发现了——什么是恐龙？

"恐龙"最早被西方人命名为"Dinosaur"，意思是"恐怖的蜥蜴"。它们大多拥有强健的四肢、长长的尾巴和巨大的身体。恐龙曾在数千万年的时间里，是地球上无可争议的霸主！

恐龙化石的形成

❶ 恐龙死去后，皮肤和肌肉会慢慢腐烂，只剩下骨骼。

❷

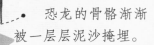

恐龙的骨骼渐渐被一层层泥沙掩埋。

❸

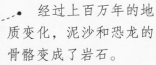

经过上百万年的地质变化，泥沙和恐龙的骨骼变成了岩石。

❹

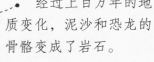

在风雨侵蚀及地质运动的作用下，坚硬的恐龙骨骼化石暴露了出来。

恐龙化石的种类

除了恐龙的骨架会形成化石外，恐龙的足迹、粪便和恐龙蛋在特殊环境下也会形成化石。通过这些化石，我们可以判断出恐龙的大小、饮食习惯及奔跑速度等。

恐龙骨架化石

恐龙粪便化石

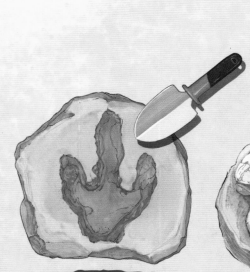

恐龙足迹化石

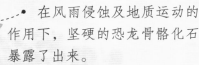

恐龙蛋化石

恐龙是如何被发现的

1822 年，英国的乡村医生吉迪恩·曼特尔发现了一些巨大的牙齿化石。当时一位权威的生物学家告诉他，这很可能是某种犀牛或河马的牙齿，但曼特尔对这样的观点并不认同。他坚持继续考证，终于在几年后发现这些牙齿化石是属于禽龙的。

吉迪恩·曼特尔

体长约 10 米

高 3 ～ 4 米

禽龙

恐龙猎人

恐龙猎人是一群在世界各地寻找恐龙遗迹、探秘恐龙物种的人。中国古生物学家徐星是目前世界上发现并命名恐龙最多的科学家，比如著名的镰刀龙和华丽羽王龙等就是由他命名的。

体长约 9 米　体重约 1.4 吨

华丽羽王龙

挖掘化石的工具

恐龙之前的陆上优势族群

恐龙并非这颗星球上最早的陆地霸主。在恐龙称霸之前，多种生物依次登上地球舞台，成为各自时代的优势族群。它们都是谁呢？让我们来一探究竟。

温顺的素食者们

哺乳类族群的代表——水龙兽

二叠纪末期，地球上曾发生过一次规模巨大的生物大灭绝事件。由于火山喷发、海水酸化，地球上95%的生物物种都消失了。而本来在体形上不占优势的水龙兽却幸存了下来。它们爬出洞穴，在陆地上生活、繁衍。科学家认为当时地球上有数十亿头水龙兽，它们大多生活在湖泊池沼边缘，以植物为食，主宰陆地近百万年。

优势：群体生活；能利用特殊的牙齿构造挖洞；冬眠

水龙兽

体长约1米

二叠纪的"超重之王"——杯鼻龙

杯鼻龙的鼻子结构非常怪异，就像是镶嵌在小脑袋上的两个造型奇特的杯子。

最大的杯鼻龙体长约有6米，在二叠纪的陆生动物中，这一体形绝对是数一数二的。

优势：体形庞大

杯鼻龙

凶恶的肉食者们

沙漠中的顶级掠食者——丽齿兽

丽齿兽是一种似哺乳类爬行动物，繁盛于二叠纪晚期。它们主要生活在沙漠之中，奔跑速度极快，长有巨大的獠牙，咬合力惊人。丽齿兽是率先长出犬齿的生物，这是生物进化史上的一次重大突破。

丽齿兽

秘密武器：犬齿

波斯特鳄

初龙类崛起——波斯特鳄

波斯特鳄是三叠纪初龙类的代表，它们有着巨大的脑袋和硕大的鼻孔，嗅觉灵敏。它们极有可能和最早的小型恐龙居住在一起，并以后者为食。

异齿龙

陆地食物链顶端的生物——异齿龙

异齿龙是二叠纪统治陆地时间最长的生物物种，但它们并不属于爬行类动物，更确切地说，它们属于盘龙类。

秘密武器：拥有两种不同尺寸的牙齿，其中门牙用来切割食物

霸王蝾螈

水陆两栖的霸主

水陆两栖的霸主——霸王蝾螈

霸王蝾螈主要生活在三叠纪晚期，那时恐龙才刚刚出现。成年霸王蝾螈的体长与一辆小轿车差不多。

优势：瞬间爆发力强；水陆两栖

成为中生代霸主

恐龙的"天时"

在恐龙诞生的早期，它们的数量还非常稀少，仅占陆地动物群的1%～2%。当时陆地上还生活着众多其他凶猛异常的爬行动物，如以小型恐龙为食的波斯特鳄。

三叠纪末期的生物大灭绝让众多动物族群在地球上消失，而恐龙成了幸存者。

恐龙的"地利"

中生代时期，地球气候温暖湿润，赤道不那么热，极地不那么冷，两极不结冰。陆地地势较平坦，河流湖泊众多，植被繁茂，堪称生命的乐园，在这种环境下，恐龙得以迅速繁殖。

恐龙的"人和"

　　与多数爬行动物相比，恐龙具有完全直立的四肢结构，其步幅更大。而且部分种类的恐龙经常用两只后足行走，奔跑速度更快，粗大的尾巴也成为它们运动时很好的平衡器官。

腔骨龙

腔骨龙生活在三叠纪的河岸边与森林中。它们骨头中空、骨架纤细，奔跑速度极快。

马门溪龙

马门溪龙生活在侏罗纪晚期的三角洲或树木丛生的平原上。它们拥有恐龙族群中最长的脖子，这可以让它们在较少消耗能量的情况下，轻易吃到身旁的食物。

恐龙
用柱子般的后肢直立行走。

鳄鱼
肘膝弯曲行走。

蜥蜴
行走时四肢与身体成直角。

副栉龙

副栉龙的头冠长在鼻骨上，内有许多小孔道。空气从鼻孔吸入，经过这些小孔道才能到达肺部。当副栉龙潜到水下去吃水生植物时，可以将头冠作为通气管。

环境造就的巨兽——恐龙为什么这么大？

提到恐龙，我们最容易想到的形容词就是"大"。虽然恐龙当中也有小个子，但它们通常是其所处生存环境中最大的生物。而恐龙家族中的主力军蜥脚类恐龙，更是地球生物史中的"巨无霸"。

恐龙灭绝后，陆地上再也没有出现过体形如此巨大的生物，这既有环境气候变化的原因，也是生命自然选择的结果。

永远在生长

恐龙自身缺乏抑制生长的基因，活到老，吃到老，长到老，年龄越大，体形越大。

高摄入，低消耗

马门溪龙不用咀嚼、不用消化、不用消耗能量、不用频繁移动，但是一天竟然可以吃3吨以上的食物。长脖子是它们高效进食的重要工具，可以够得更高、够得更远。

大个头的优势和劣势

个体越大，越难以被其他动物侵犯，也越容易寻得配偶。但个头大也意味着需要更多的食物，当食物供给减少，一些巨型生物就可能很难寻找到足够多的食物，只能挨饿。

双重呼吸系统

恐龙具有像鸟一样的双重呼吸系统，无论呼气还是吐气，始终有氧气通过肺部。

前部气囊

肺

后部气囊

肺

前部气囊

后部气囊

充足的食物

地球当时的气候温暖湿润，蕨类植物生长茂盛，植食性恐龙食物充足，种群大量繁殖，同时为肉食性恐龙提供了大量食物。

另外，恐龙生活的时代，大气中氧气含量高，充足的氧气有利于动植物的新陈代谢，促进了生命的生长。

恐龙的个头

根据吉尼斯世界纪录，最高的人类是美国人罗伯特·潘兴·瓦德罗，他的身高是2.72米。而在现今动物界，陆地上最大的哺乳动物是非洲象，它们的肩高可达4.5米。相较于人类和其他哺乳动物，亿万年前恐龙的体形更是差距巨大，既有1米长的小家伙，也有几十米长的大块头。

重龙
这种超巨型恐龙一般都是植食性恐龙，它们每天要吃约一吨重的食物。

体长可达28米，比网球场的有效双打场地还要长

身躯庞大，头很小

体重超过三头大象之和

体长达 39 ～ 52 米

非洲象

肩高可达 4.5 米

体长可达 13 米

南方巨兽龙
最大的南方巨兽龙有一辆公共汽车那么长，体重相当于 125 个成年人之和。

地震龙
两三条地震龙头尾相接地站在一起，可以从足球场的这个大门排到另一个大门。

体长 6 ~ 8 米，体重超过 3.5 吨

板龙
出现在地球上的第一种巨型恐龙。

阿根廷龙
重达 91 吨，相当于 20 头大象的体重。虽然是个大块头，它们却是植食性恐龙。

体长 40 ~ 42 米

体长约 5 米

肿头龙
个头介于小型恐龙和大型恐龙之间，是恐龙大灭绝事件的见证者，被称为"最后的恐龙"。

除了生存还要繁衍——恐龙如何哺育后代?

恐龙族群的繁盛也得益于它们极强的繁殖能力。虽然我们对恐龙如何交配、如何繁育恐龙宝宝知之甚少,但恐龙的确和鸟类一样,会在巢里产下有硬壳的蛋。

小型恐龙可能会自己坐下来孵蛋,但大型恐龙却不可能这样做,因为它们庞大的身躯一定会把蛋压碎。

有些小恐龙在成长过程中,也需要妈妈的照顾和喂养。

最富有母爱的恐龙——慈母龙

与大部分恐龙不同,慈母龙在诞下恐龙蛋后,会守在蛋的旁边,等待恐龙宝宝破壳而出。因为小慈母龙出生时还没有长出牙齿,慈母龙妈妈会把食物咬碎后再给宝宝食用,直到小慈母龙可以独立外出觅食。

下蛋也有讲究

虽然都是下蛋，但恐龙家族成员众多，它们下蛋的方式和对下蛋地点的选择各不相同。

比如，生活在北美洲的伤齿龙会把蛋产在刚干涸的湖底或沼泽地的湿润泥土里；

而生活在中国的伤齿龙则会选择水边的沙土地作为自己的下蛋地点；

窃蛋龙更讲究，它们会蹲伏在预先建好的蛋巢中心，并依东、南、西、北的方位每次各下两枚蛋，然后用细砂覆盖，让炙热的阳光来帮助孵化窃蛋龙宝宝。

形态各异的恐龙蛋

恐龙蛋的形态五花八门，卵圆形、椭圆形、圆球形、扁圆形、橄榄形全都有。

肉食性恐龙的蛋大部分呈瘦长形，植食性恐龙的蛋则比较圆。

植食性恐龙的蛋

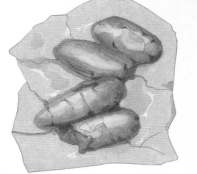

肉食性恐龙的蛋

白垩纪时期的恐龙蛋化石特别多

从全世界出土的恐龙蛋化石来看，三叠纪、侏罗纪的很少，绝大多数是白垩纪晚期的，尤以白垩纪快结束时为多。

科学家猜测，白垩纪晚期，地球自然环境的变化导致恐龙内分泌失调，所以产出的蛋大多不能孵化出小恐龙，长期埋在沙土中就变成了化石。

大型恐龙产的蛋不一定很大

恐龙产的蛋和它们硕大的身躯并不协调，世界上最大的恐龙蛋化石也只有50多厘米长。恐龙采取多产蛋、产小蛋的办法来增加后代的数量。刚出壳的恐龙宝宝体形虽小，但丝毫不妨碍以后长成大个子。

梁龙刚出生时只有几十厘米长

恐龙的智商——头脑决定位置

动物智商的高低一般和脑部的大小成正比，恐龙的身子太大，相比而言，脑袋就小了很多，因此恐龙的智商一般不高。但有一部分恐龙，尤其是兽脚类恐龙，拥有一颗聪明的大脑袋。它们之中最聪明的伤齿龙甚至比部分现生哺乳动物还要聪明。

最聪明的恐龙

我们是用脑子讨生活的！

蜥脚类恐龙

脑量商 0.2～0.35，行动迟缓，笨手笨脚。

第一块恐龙脑组织化石

2004 年，一名化石爱好者在英国南部的海滩上发现了一块植食性恐龙——禽龙的脑组织化石，这是人类发现的第一块恐龙脑组织化石。

脑量商

"脑量商"是根据恐龙的体重、脑量及现生爬行动物的脑量大小按一定公式计算出来的。被测的恐龙脑量商越小，它就越蠢笨；脑量商越大，它就越聪明。

大型肉食龙

脑量商 1～2，天生就比植食性恐龙聪明。

鸭嘴龙

脑量商 0.85～1.5，是最聪明的植食性恐龙。

肉食性恐龙为什么比植食性恐龙聪明?

恐龙时代的地球气候温暖湿润,植被茂盛,多数植食性恐龙没有为食物奔波的压力,它们只用走走路、低低头、抬抬头就能满足生存的需要,没必要那么聪明。

相反,肉食性恐龙却要千方百计地去狩猎、搜寻食物,这让它们的运动器官、感知器官和大脑变得越来越发达,大脑用得多自然就更聪明了。

恐龙有两个脑子吗?

有些恐龙还真有两个"脑子",比如剑龙。剑龙体长8~9米,可头却小得可怜。它们的脑子只有一个核桃那么大,但臀部脊椎却很大,里面容纳着膨大的脊髓,被称作神经球。这个神经球比它们的脑组织要大20倍,主管后肢和尾部的运动。一个小脑子和一个硕大的神经球分工合作,互相协助。

剑龙

脑量商 0.52 ~ 0.56,比蜥脚类恐龙聪明,但还是很笨。

角龙

脑量商 0.7 ~ 0.9,较有心计,面对强敌时敢于冲锋在前。

比一比

人类
脑量商 6.5
(爱因斯坦的脑量商
超过10)

兔子
脑量商 0.4

非洲象
脑量商 0.63

猫
脑量商 1.0

狗
脑量商 1.2

猴子
脑量商 1.5 ~ 2.5

海豚
脑量商 3.6

恐龙的分类——恐龙族谱

从早侏罗世到晚白垩世的亿万年间，恐龙遍布大陆的每个角落，它们大小不一、形态各异，但又有着许多共同的特征。如何区分恐龙的种类，是每个恐龙爱好者的必修课。

蜥臀目和鸟臀目恐龙的区别

蜥臀目恐龙和鸟臀目恐龙的区别主要在它们的"腰带"上，也就是臀部骨骼结构。蜥臀目恐龙的耻骨指向下前方，底部类似靴子的形状。而鸟臀目恐龙的臀部骨骼结构和鸟类一样，坐骨和耻骨都朝向下后方。

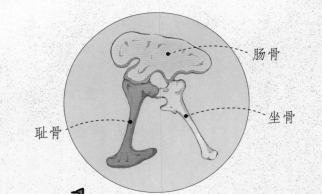

肠骨

坐骨

耻骨

蜥臀目的骨盆

蜥臀目恐龙

蜥臀目可分为兽脚类恐龙和蜥脚类恐龙。

霸王龙

棘龙

兽脚类：几乎所有肉食性恐龙都属于兽脚类，它们用两足行走。我们熟知的霸王龙和棘龙就属于这类。

叉龙

蜥脚类：它们大都四肢粗壮，拥有恐龙家族中最庞大的体形。例如叉龙。

鸟臀目恐龙

鸟臀目恐龙家族中有三个分支：覆盾甲龙类、鸟脚类和头饰龙类。

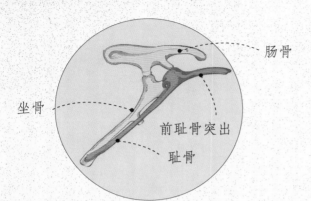

肠骨

坐骨

前耻骨突出

耻骨

鸟臀目的骨盆

甲龙

覆盾甲龙类：身上有厚厚的盔甲、骨板、棘刺，例如甲龙、剑龙。

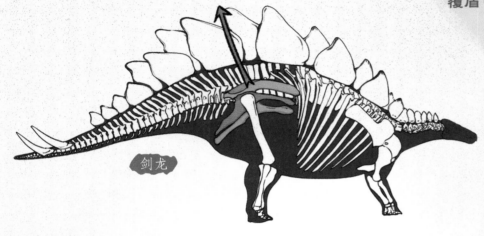

剑龙

头饰龙类：头部长有骨质颈盾或冠状头饰，它们大多是植食性恐龙。肿头龙就是头饰龙类的典型代表。

肿头龙

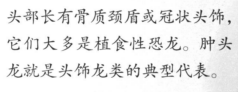

鸟脚类：出土恐龙化石最多的一类，它们可以用两足或四足行走，如鸭嘴龙。

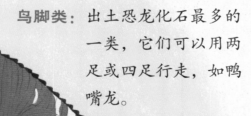

鸭嘴龙

简单分类法

几乎所有的肉食性恐龙和体形庞大的植食性恐龙都属于蜥臀目，如霸王龙、梁龙。而鸟臀目恐龙大多是植食性恐龙，如剑龙、角龙。

植食性恐龙——我好像还能再吃点儿

三叠纪末期，随着地球气候变得温暖、潮湿，苏铁类、银杏类、松柏类等植物生长繁盛，以植物为食的素食恐龙开始出没在河畔、湖边的蕨类森林和常绿树丛中。此时，这些素食主义者已经长得相当巨大了，而在接下来的 1 亿多年里，它们还会越长越大。

营养少就要多吃

由于植物中含有的营养较少，植食性恐龙要靠不停地、大量地进食来满足身体对营养的需求。

梁龙

勺状齿
外观像钉子，这种形状的牙齿有助于梁龙扫掉树枝和茎干上的叶子。

棱状齿
形状似菱形。

棱齿龙

埃德蒙顿龙

细小的菱形牙齿
适用于吃坚硬的植物，密集排列的细小牙齿有利于咀嚼。

植食性恐龙的武器

植食性恐龙体形庞大，性情温顺，但为了应对肉食性恐龙的攻击，它们进化出了特有的防御利器。

剪形齿
锯齿状的牙齿整齐排列着，可以帮助植食性恐龙轻松扯下低矮植物的叶子。

武装到眼皮，
用厚重的甲胄包裹自己

坚硬、有力的尾刺

剑龙

甲龙

三角龙

锐利的尖角

叶状齿
这种形状的牙齿对植食性恐龙剥开小果实、撕扯地面植物很有帮助。

腕龙

把石头作为餐后"甜点"

植食性恐龙大多没有白齿，无法将叶子嚼碎，但当时的树叶又很硬，为了促进消化，它们会吞食一些圆润的石头来作为"胃石"。肠胃的蠕动使石头相互摩擦，就把树叶磨碎了。今天的一些家禽和鸟类也保留了吞砂石助消化的习性。

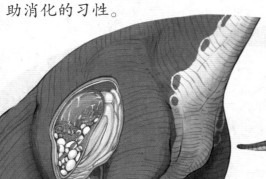

棒形齿
犹如边缘锋利的勺子，可以帮助植食性恐龙夹断嫩树枝和树芽。

粗壮的腿和巨大的尾巴

肉食性恐龙——我要吃肉！肉！

在漫长的恐龙时代，出现过数以千计的不同物种，其中就包括形态多样的肉食性恐龙，它们大多凶猛、残暴，靠猎捕其他恐龙和动物为食，是那个时代的顶级掠食者。

捕食利器

尖利的牙齿

大多数肉食性恐龙都长着一口利齿，齿上有沟，可用于切割食物，它们最大的牙齿有香蕉那么大。

优秀的视力

大多数肉食性恐龙都有相对于头颅较大的眼睛，而且相比植食性恐龙，肉食性恐龙的眼睛更靠前，这使得它们拥有更优秀的视力。

锋利的爪子

它们的爪子由坚硬的骨质构成，外面覆盖着一层厚厚的角质，非常锋利，可以轻易撕开猎物的皮肉。

强健的后肢

肉食性恐龙一般都拥有强健而发达的后腿，使它们可以站起来奔跑，拥有更快的速度和更强的爆发力。

肉食性恐龙在慢慢长大

生活在三叠纪和早侏罗世的肉食性恐龙大多体形很小，靠捕食小动物为食。

到了侏罗纪中后期，肉食性恐龙的体形有了明显增大。

随着白垩纪的开始，肉食性恐龙的体形不断增大，大型肉食性恐龙的体长甚至可以超过13米，体重超过5吨。

始盗龙（晚三叠世）
体长约1米

双嵴龙（早侏罗世）
体长6～7米

马普龙（晚白垩世）
体长约14米

肉食性恐龙如何猎食

大型肉食性恐龙一般有很强的领土意识，通常喜欢单独捕食。

小型肉食性恐龙因体形较小，会充分发挥团队的力量，集体捕食，如腔骨龙。

在恐龙时代，植食性恐龙占大多数，因此肉食性恐龙从不缺食物。它们通常会选择向病弱或落单的植食性恐龙发起攻击，很少主动攻击健壮的大型植食性恐龙，同时也会吃植食性恐龙的尸体和腐肉，一些小型肉食性恐龙会一起分享其他肉食性恐龙吃剩下的食物。

杂食性恐龙——挑食是不被允许的

在目前已知的恐龙中，只有很少一部分是杂食性恐龙，它们多出现在白垩纪，其中包括 100 余种似鸟龙和部分窃蛋龙类，它们属于没有牙齿的小型兽脚类恐龙。

窃蛋龙类

窃蛋龙类是从肉食性的兽脚类恐龙演化而来的，它们的嘴是鹦鹉嘴状的喙嘴。

肉食性恐龙比杂食性恐龙出现得更早

最早出现的恐龙都是肉食性恐龙。但生存竞争逐渐加剧，导致食物短缺，迫使部分肉食性恐龙放弃了专一的肉食性，开始通过进食一些植物来充饥，于是就有了杂食性恐龙。当放弃了专一肉食性的恐龙在身体结构和生理机能完全适应取食和消化植物的时候，植食性恐龙就出现了。

杂食性恐龙的食谱宽广，叶子、果子、小昆虫、蜥蜴、恐龙蛋等都是它们的食物，如果有肉，它们也吃肉。

似鸟龙类

似鸟龙类也是从肉食性的兽脚类恐龙演化而来的，鸟一样的喙嘴、缺少大的牙齿表明它们不适合经常咀嚼肉类，果实、小昆虫、小型哺乳动物、小蜥蜴等才是它们经常吃的食物。

杂食性恐龙能够吃到的植物

山毛榉

木兰

胡桃

悬铃木

樟

剑龙类的家族成员

剑龙类最早出现于早侏罗世，它们的祖先很可能是双足行走，行动敏捷的小型植食性恐龙。后来，小家伙的背上长出了大骨板，尾部也长出了尾刺，身体逐渐变得沉重，才转为四足行走。已知的剑龙类多来自中国四川地区，如沱江龙。

钉状龙

钉状龙又名肯氏龙，生活在晚侏罗世的非洲。在它们的臀部与尾巴的连接处长有一对显著的尖刺。

体长约 5 米

华阳龙

华阳龙化石发现于中国，被认为是最早的剑龙类，身上共长有 16 对对称的骨板，与其他剑龙类不同，华阳龙的前肢和后肢几乎一样长。

体长约 4 米，是已知最早的剑龙类

沱江龙

沱江龙从脖子、背脊到尾部生长着 17 对剑棘，比剑龙的剑棘还要尖利。它们背中部的剑板最大，并沿着脊柱向脖颈和尾巴方向逐渐减小。

体长约 7 米

剑龙的剑板有什么用？

剑龙的剑板看起来很吓人，其实一点也不结实，因为剑板内部多孔，用来防身不大可能。科学家据研究猜测，剑龙可能是通过控制流经剑板的血液量来调节体温，有人称剑龙是"身背空调器的恐龙"。另外，漂亮的剑板也有吸引异性的作用。

我怎么没有剑板？

体长 3～4 米

肢龙

肢龙又名棱背龙，体长 3～4 米，全身都披着厚厚的甲板，从头顶一直覆盖到尾巴。

异特龙

体长 8～9 米

剑龙

剑龙背上的骨板有 17 块，左右交错排列，并不对称。这些骨板并不是从脊椎上直接长出来的"骨头"，而是骨质的皮肤衍生物。它来自北美洲的剑龙是剑龙类的代表，它们个子很大，有 8～9 米长。剑龙的后肢是前肢的两倍长，尾部有硕大的尾刺，随时准备给来犯的敌人重重一击。

27

植食性恐龙中的"明星"——角龙类

角龙类是白垩纪最后崛起的植食性恐龙种群之一，它们长着鹦鹉一样的嘴，头上装饰着形态各异的颈盾和大角，曾在晚白垩世兴盛一时。角龙类大多群居在亚洲和北美洲的森林和草原，高耸的大角和硕大的颈盾让它们格外显眼。

三角龙

三角龙是角龙类中极具代表性的恐龙，也是最晚出现和最后灭绝的恐龙之一。三角龙在角龙科中数量最多、体重最重、体形最大，它们眼睛上方那对尖角的长度可达 1 米。标志性的角和华丽的颈盾比较脆弱，难以用于抵抗强敌，更重要的作用是吸引异性。

原角龙

原角龙是一种小型角龙，它们没有尖角，头盾占了身体的很大比例，嘴巴里有许多锋利的牙齿。

辽宁角龙

辽宁角龙是世界上已知最早的新角龙类，四足行走，以植物为食，大小与体形较大的狗相近。

和长有长颈盾的三角龙不同，辽宁角龙的颈盾短，颧角微弱。

戟龙

戟龙拥有角龙类最精致的装甲，头盾上环绕着大小不同的尖角，它们也是体形最庞大的角龙类之一，巨大的鼻角能刺入肉食性恐龙的身体。

五角龙

五角龙除了两根额角与一根鼻角以外，眼睛两侧还有两根尖角，它们最特别的地方是超过3米长的头部。

尖角龙

不同种类的尖角龙头上的角弯曲方向也不同，有些是侧弯，有些是前弯。

开角龙

开角龙的外观和三角龙极为相似，但它们的体形较小，拥有比三角龙更夸张的头盾。

最后的防御大师——甲龙类

恐龙家族的防御大师非甲龙类莫属，有些甲龙类的铠甲甚至一直武装到眼睛。甲龙类诞生于侏罗纪，繁盛于白垩纪，一直延续至恐龙时代的终结，堪称植食性恐龙的"末代帝王"。

宽大的头骨和尾尖上沉重的骨球是甲龙类的标志性体征。

美甲龙

美甲龙的尾巴末端呈骨棒状，可以左右晃动以防范袭击者。它们的头骨内有一个气道网络，这种结构可以为进入肺部的空气降温或加湿。

坚硬的盔甲

这些坚硬的骨板和结节的内部并不是实心的，而是有着极其复杂的骨胶原纤维组织，纤维之间相互编织，如同一件轻巧又坚韧的防弹衣。

甲龙

体长 7 ~ 11 米的甲龙是最大的甲龙类，主要栖息在晚白垩世的森林中，厚重的盔甲和巨大的尾锤让它们可以应付一切前来侵犯的敌人。从自卫手段上看，甲龙已经使自己发展到了极致。

小盾龙是已知的最古老的装甲亚目恐龙，也是甲龙类中极为聪明的一种。它们的尾巴格外长，可能是为了在跑动时保持身体平衡。

重锤

包头龙

包头龙是最大的甲龙类之一，体形有犀牛的两倍大，它们尾锤的重量可能超过 27 千克。包头龙从头到尾都被重甲覆盖，还配有尖利的骨刺，远远望去，身上就像插着很多把匕首。

敏迷龙

敏迷龙是体形最小的甲龙类之一，也是在南半球发现的第一种甲龙。体长 3 米左右的敏迷龙生活在早白垩世。它们的腹部也有甲胄，保护着柔软的肚皮。因为没有在它们身上发现尾锤，人们将其归入结节龙科。

防御武器的进化

并非所有的甲龙类都有尾锤，尾锤这种特殊的器官是在漫长的岁月中进化出来的。

长有柔性尾部的甲龙　　　长有僵硬尾巴的甲龙　　　　　长有尾锤的甲龙

禽龙类——最早被发现的恐龙

禽龙类是晚侏罗世至早白垩世分布最广的恐龙之一，拇指尖爪是它们最著名的特征之一。另外，它们还长着马一样的长脸，非常具有辨识度。

禽龙类有时用四足行走，有时以两足站立，它们喜食马尾草、蕨树和苏铁，是植食性恐龙的代表。

禽龙

禽龙是 200 年前第一只被发现的恐龙，也是继斑龙之后第二种被鉴定为恐龙的史前生物。它们体长约 9 米，用四足行走，以低矮的植物为食。

弯龙

弯龙身体笨重，行动起来十分缓慢，因此大部分时间依靠四足行走，吃生长在低矮处的植物，与禽龙很相似。

科学家在弯龙的头骨化石中观察到了牙齿替换的过程，从偶数位后的牙齿开始，所有位于奇数位的牙齿依次被替换。

穆塔布拉龙

穆塔布拉龙前肢的中间三个指骨连接在一起，形成类似蹄的部分，可用于行走。最突出的特征是它们的大鼻子，利用这个大大的鼻腔，它们能发出特殊的鸣叫声，以此示警其他猎物的攻击，告知同伴有危险。

灵巧的双爪

当禽龙的化石刚被发现的时候，它的拇指爪被误以为是长在头上的角。

豪勇龙

度过寒冷的夜晚，豪勇龙会在早晨开心地晒太阳，它们的"帆"就像一块太阳能聚热板；到了中午，"帆"又成了它们的散热板。

腱龙

腱龙是一种又大又笨的恐龙，体长约7米的它们拖着一条长长的粗尾巴，不仅能够用来自卫，还能像袋鼠的尾巴一样支撑身体，让它们行走在早白垩世的北美洲森林中。它们脾气温顺，但也因此常常沦为恐爪龙的盘中餐。

体长约9米

粗壮的后肢

它们的后肢比前肢粗壮得多，这使得它们能站立起来并用双足奔跑。

鸭嘴龙类——聪明又会吃的植食性恐龙

　　鸭嘴龙类，顾名思义就是一群长着扁扁"鸭子嘴"的恐龙。在恐龙时代最后的 2000 万年里，鸭嘴龙类是非常常见的植食性恐龙之一，它们也是植食性恐龙中非常聪明的族群。

　　鸭嘴龙类头部扁长，吻部形似鸭嘴，有着复杂的齿列和强大的咀嚼系统，部分鸭嘴龙类成员还长有形态各异的头饰结构，十分惹眼。

盔龙

　　盔龙头顶上有个中空的冠子，雄性的头冠比雌性的还要大。另外，盔龙的脸上还有皮囊，它们鼓起气囊既可以传递危险信号也能用来吸引异性。盔龙非常喜欢展示自己，喜欢炫耀自己与众不同的头饰和独特的鸣叫声。

青岛龙

　　青岛龙和"标准"的鸭嘴龙并无多大区别，只是头顶上多了一只细长的角，样子就像独角兽。它们是由"中国恐龙之父"杨钟健命名的。

埃德蒙顿龙

埃德蒙顿龙是鸭嘴龙类中体形最大的一种，也是最晚出现的无头饰鸭嘴龙类之一。它们的脖子强壮、柔韧，不用移动四肢便能大范围地享用四周的低矮植物，这也是埃德蒙顿龙与霸王龙、三角龙生活在同一个时空里仍能够保持庞大的族群数量的原因之一。

体长约13米

鸭嘴龙的颌骨两侧长有2000多颗牙齿，堪称恐龙王国的牙齿大户。

鸭嘴龙是北美洲最早发掘出的一类恐龙，它们用双足行走，足部宽大，趾间有蹼，会游泳，常群居在河湖边或沼泽地带，以植物为食。它们嗅觉敏锐，且视力较好，总能提前发现来犯的敌人，并迅速做出反应。

鸭嘴龙

体长7~10米

副栉龙

副栉龙是最有名的鸭嘴龙类恐龙之一。它们的头冠长在鼻骨上，充满了通道。空气从鼻孔吸入，经过这些通道才能到达肺部。这些通道是这类恐龙的发声器，就像圆号中弯曲的管子。

肿头龙类

肿头龙类的头部多呈半球形，四肢有类似鸟类的爪子。它们平时相安无事，只有到了交配的季节，雄性肿头龙类才会因争夺配偶而互相争斗、碰撞。撞击产生的冲击力大部分都会被它们头部结实的骨质圆顶吸收。

体长约 3 米

体长约 2.4 米

平头龙

平头龙的头骨宽而厚，表面粗糙，上面布满了凹坑和骨瘤，没有巨大的头部圆顶。

与其他肿头龙类相比，平头龙有着很宽的骨盆。

龙王龙

龙王龙的头颅骨上满布着小钉角和肿块，但缺少其他肿头龙类的厚实圆顶。

龙王龙的模式种名为"霍格沃兹龙王龙"。它的命名受到了《哈利·波特》的启发，霍格沃兹正是书中大名鼎鼎的魔法学校。

体长 3 ~ 4 米

肿头龙类的体形相对较小，经常沦为一些大型肉食性恐龙的食物。这个族群一直延续到了中生代末期，是恐龙大灭绝事件的亲历者之一。

冥河龙

冥河龙在肿头龙类中是比较进步的一种，因为它们的头颅骨板已经向更厚实的方向发展，这正是肿头龙类的进化方向。

目前，我们只发现了 5 具冥河龙的头骨，以及一些零碎的身躯遗骸。冥河龙不论体形还是习性都很像现在的野山羊。

肿头龙

肿头龙的脸部与口部都有角质或骨质凸起物，头颅后部也有类似的结构。头顶是一个由厚达 23 ～ 25 厘米的实心骨骼构成的大圆顶，相当于它们的安全帽。

肿头龙是肿头龙类里体形最大的成员，然而它们的化石却并不多见。

原蜥脚类恐龙
——最早的巨型恐龙

原蜥脚类并不是最早的蜥脚类，它们可能是蜥脚类的一个旁支。三叠纪末期，恐龙族群整体个头还不是很大，原蜥脚类率先进化出了较大的身躯、较重的体重。长长的颈部和尾巴以及强壮的后肢让它们在生存竞争中占据了优势，成为早期植食性恐龙的代表。

板龙

板龙与之前出现的任何一种恐龙都不同，它们能用强壮的后肢站立起来，伸长脖子，吃到树上最高的枝叶。

在板龙出现之前，没有体长超过5米的植食性恐龙，而板龙有一辆公交车那么长，是地球上出现的第一种巨型恐龙。

从骨骼组织的角度看，鼠龙比板龙和大椎龙更接近蜥脚类恐龙。成年鼠龙体长可达5米。未成年的鼠龙化石长度在20至37厘米之间，是当时发现的体形最小的恐龙化石。

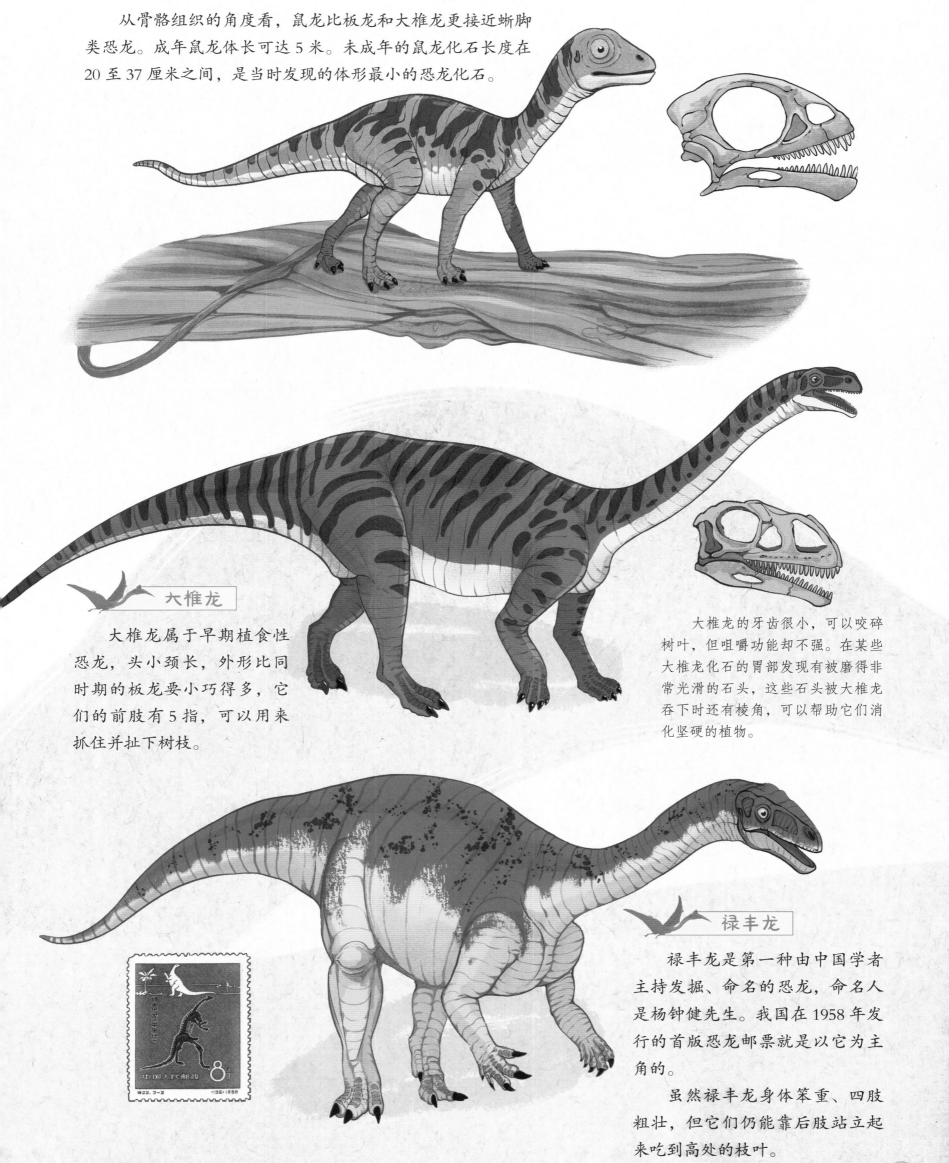

大椎龙

大椎龙属于早期植食性恐龙，头小颈长，外形比同时期的板龙要小巧得多，它们的前肢有5指，可以用来抓住并扯下树枝。

大椎龙的牙齿很小，可以咬碎树叶，但咀嚼功能却不强。在某些大椎龙化石的胃部发现有被磨得非常光滑的石头，这些石头被大椎龙吞下时还有棱角，可以帮助它们消化坚硬的植物。

禄丰龙

禄丰龙是第一种由中国学者主持发掘、命名的恐龙，命名人是杨钟健先生。我国在1958年发行的首版恐龙邮票就是以它为主角的。

虽然禄丰龙身体笨重、四肢粗壮，但它们仍能靠后肢站立起来吃到高处的枝叶。

梁龙类——行走的长桥

　　行走的梁龙类就像一座座活的吊桥，它们的四肢像柱子一样粗壮，脖颈极长，而尖端狭窄的尾巴更长。作为陆地上生存时间最长的生物，它们在地球上存在的时期仅限于侏罗纪。

　　随着白垩纪的到来，部分植被退化，梁龙类逐渐失去了生存竞争力，成为恐龙家族中较早灭绝的类群。

梁龙

梁龙的脖子约有6米长，尾巴更是可达11米，像一根鞭子。在行走时，梁龙的尾巴会始终保持抬起的状态。

令人惊讶的是梁龙的成长速度，它们只用10年左右的时间即可从几十厘米长到几十米长。

雷龙

雷龙体长约23米，重达20吨，最大的特点是粗且长的颈部和又细又长的尾部。

在100多年的时间里，科学家们一致认为雷龙就是迷惑龙。直到2015年，科学家们才发现雷龙和迷惑龙之间存在着许多处差异，是两个独立的物种。

地震龙

地震龙的头和嘴都很小，口腔的前部有扁平的圆形牙齿，后部没有牙齿。地震龙的前腿比后腿短些。每只脚有5个脚趾，其中的一个趾骨长着爪子。

从此再无巨兽——泰坦巨龙类

巨龙类是陆地上最重的动物之一，同时也是地球上最后存活的恐龙之一。它们主要活跃在白垩纪的南半球，是一个憨厚可亲的恐龙族群。

巨龙类包括了多种身躯巨大的恐龙，在身体特征、牙齿形态等方面都明显不同于侏罗纪的梁龙类和腕龙类。它们的取食范围很广，除了苏铁与针叶树，还会吃单子叶植物，包括棕榈科、禾本科、稻米与竹的祖先。

给巨龙类做个体检

脊椎是实心的不是空心；

尾巴长，但比梁龙类要短很多；

许多种类身披坚硬的骨质甲片；

牙齿小且成铅笔状或钉状；

骨盆比其他蜥脚类纤细，胸部比较宽；

脚印比其他蜥脚类宽大，前肢比后肢粗短。

潮汐龙

潮汐龙徜徉的远古沼泽如今已经变成了一片广阔的沙漠。体长 27 ~ 30 米的潮汐龙体重可达 60 ~ 80 吨。一天 24 小时，它们有十几个小时都在吃东西。

泰坦巨龙

泰坦巨龙的学名源自希腊神话中的巨神泰坦，意为"泰坦的蜥蜴"。巨龙尾椎骨的发现，致使整个类别的恐龙都以此命名。但巨龙骨骼脆弱，难以留下化石记录，迄今发现的化石都非常零碎，头骨化石尤其稀少。

阿根廷龙

　　白垩纪时期，南美洲是一个非常适合蜥脚类恐龙生存的地方；当地的蜥脚类恐龙不但没有退化，而且变得更大。

　　阿根廷龙毫无疑问是蜥脚类恐龙进化的终极产物，它们比现今的蓝鲸都要大，体长 30 ～ 40 米，只有马普龙敢惹它们。阿根廷龙是世界上体形最大的蜥脚类恐龙之一。

镰刀龙类——我就是个吃素的！

有一种恐龙，它们个头很高，头很小，尾巴短，后肢粗壮，行走时总挺着一个"大啤酒肚"，身体某些部位还长着羽毛，爪子锋利得像把大镰刀。它们就是外形奇特、两足行走、以植物为食的镰刀龙类。

镰刀龙类属于兽脚类恐龙，兽脚类大多数都是肉食性恐龙，但它们却是一群不折不扣的素食主义者。

镰刀龙

镰刀龙生活在蒙古戈壁之上，尾巴僵直。它们的前臂约2.5米长，一些勾爪约75厘米长，就像用来除杂草的长柄大镰刀。

它们长长的大爪子可以刨开地面找蚂蚁、甲虫和其他昆虫来吃。

慢龙

慢龙的大腿比小腿长，足部短宽，不能像其他兽脚类那样快速奔跑、捕食活的猎物，只能轻快地行走，至多慢跑，因此被叫作"慢龙"。

死神龙

死神龙长约7米，上下颌前端无齿，外鼻孔横向延伸，次生腭发育良好。死神龙的体形比大多数镰刀龙类都小，与慢龙相当，但爪子更加锐利。死神龙虽然名字霸气，但它们的确是吃素的。

懒爪龙

懒爪龙的爪子与树懒的指爪很像，头很小，呈喙状，身体竖立，由粗大的双腿支撑，尾巴较短，周身覆盖着羽毛。

体形较大的懒爪龙喜欢用锋利的爪子扯下树枝与树叶来享用。

暴龙类

作为有史以来最大、最可怕的掠食者，暴龙类是白垩纪晚期最具攻击力的兽脚类恐龙之一。它们的头部和颌部非常大，短小的前肢上有两三根指头，后肢又长又粗壮，善于奔跑。

 暴龙类的祖先——五彩冠龙

五彩冠龙是已知最早的暴龙类恐龙之一，体长约3米，站立起来还不到1米，和白垩纪体长达十几米、高4米以上的暴龙完全不可比。但它们的形貌却非常相似。

五彩冠龙身上还有羽毛及像翅膀一样的前肢，与鸟类非常相像。

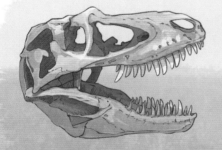

已知最大的蛇发女怪龙的头骨有99厘米长，头骨上的大洞孔可以减少头部重量，给感觉器官留出了更多空间，助其成为狡猾的顶级掠食者。

 **蛇发女怪龙**

蛇发女怪龙也叫魔鬼龙或戈尔冈龙，体长8~9米，重约2.4吨，它们的前肢相当小，只有两指。

在一些地区，蛇发女怪龙与其他暴龙类共存，如惧龙。

令人恐惧的"第六感"——惧龙

惧龙又名达斯布雷龙、恶霸龙，体长约9米，重约4吨，高大强壮，战斗力不输霸王龙。它们的头很大，下颌厚，牙齿像短剑。后肢强壮有力，两只脚各有三个脚趾，手臂却软弱无力，每只手只有两根手指。惧龙通常捕食鸭嘴龙类或角龙类恐龙。

拥有"第六感"

科学家发现惧龙的头骨内分布着密密麻麻的小孔洞。这些小孔洞在惧龙活着的时候应该是容纳神经血管的地方。这使得它们的口鼻部具有非常敏锐的感觉能力，也就是人们俗称的"第六感"。

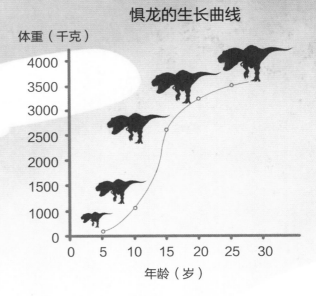

惧龙的生长曲线

体重（千克）

年龄（岁）

成长的秘密

在竞争残酷的恐龙时代，多数惧龙的寿命难以超过30岁。和人类相似，它们在14岁前后进入青春期，之后便快速成长，每年增重近180千克，18岁左右成年，之后成长速度放缓。

暴龙类的演化趋势

身体增大变粗，头骨同时增大，下颌更加巨大坚实，能够附着更多的肌肉，咬力增大。

暴龙类的领头羊们

"史寇提"

1991年在加拿大西部发现的暴龙化石，是全球迄今发现的最大的暴龙。这只取名为"史寇提"（Scotty）的暴龙身长13米，体重很可能在8800千克以上，年龄30多岁。

身长约15米

身高6米

体重6.5～7吨

霸王龙

霸王龙也叫雷克斯暴龙，是恐龙家族真正的"末代皇帝"。虽然它们不是体形最大的肉食性恐龙，但却是最凶暴的那一个。

它们的脑容量是其他肉食性恐龙的两倍多，奔跑速度更快，视力更好，嗅觉更灵敏，颌部咬合力惊人，它们的嘴可以说是白垩纪的"终极碎骨机器"。

霸王龙最喜欢的食物是三角龙和鸭嘴龙。

来自亚洲的远亲——特暴龙

特暴龙是体形最庞大的暴龙类之一，但略小于霸王龙，体长大约 9 ~ 12 米。

和霸王龙相比，特暴龙吻部较窄；腿虽然长，但按照比例不如霸王龙长，前肢按比例来说是暴龙类里最短小的，身体很粗壮。

体重 2.5 吨

身高 2 米左右

体长 7 ~ 9 米

• 角质突

艾伯塔龙

艾伯塔龙嘴里长满了粗壮、锋利、有垂直沟槽的尖牙，可以轻易撕碎猎物。

艾伯塔龙属于大型暴龙类，但比其他暴龙要小，头骨也只有霸王龙的一半多长。体重较轻的艾伯塔龙善于奔跑，群体狩猎的它们成果并不比霸王龙差。从外观上看，艾伯塔龙和霸王龙最大的不同是它们的眼睛前面有角质突。

顶级掠食者——异特龙类

作为侏罗纪晚期至白垩纪晚期的顶级掠食者，异特龙类主要有三个分支：异特龙科、鲨齿龙科以及中华盗龙科。虽然它们的体形有大有小，但都具有长而窄的口鼻部、大型眼眶，手部拥有三根手指，头上长有角状物或隆起物。

中华盗龙科的代表——和平中华盗龙

和平中华盗龙活跃于晚侏罗世的中国四川，它们的头大而笨重，颌上长有匕首状的锋利牙齿；相对大而强壮的前肢，后肢更长，靠两脚行走，爪大而尖锐。长约7米，是目前亚洲发现的标本最完整的肉食龙。

南方巨兽龙

作为鲨齿龙科的成员，南方巨兽龙硕大的嘴巴里长有一口锋利的牙齿，牙齿长度可达20厘米，呈粗壮的匕首状。

南方巨兽龙有着又细又尖的尾巴，在快速奔跑时起到了平衡身体的作用，并对急停、转向有很大帮助。

南方巨兽龙拥有极强的咬合力和极快的撕咬速度，最大咬合力可达12吨，是咬合力第二大的陆地动物，仅次于霸王龙。

不同于霸王龙的"小短手"，异特龙的前肢比较发达，三个指头上都有弯曲的利爪，能像鸟爪一样做出类似抓握的动作。

异特龙

异特龙很聪明。异特龙的头骨长达1米，上面有大型洞孔，可减轻头部重量；脑壳顶部较薄，有利于调节脑部温度。异特龙可能是侏罗纪时代智商最高的大型肉食性恐龙。

与早期肉食性恐龙相比，异特龙的骨骼更轻巧，身体更加强壮敏捷。集猛禽和鳄鱼的特性于一身的异特龙是当时最凶猛的恐龙之一。

鲨齿龙

鲨齿龙是三种最大的兽脚类恐龙之一，与霸王龙、南方巨兽龙齐名。它们的嗅觉非常灵敏，视力极佳，牙齿像鲨鱼，齿形较薄并呈三角形，头骨宽度较窄。

鲨齿龙是白垩纪早期活跃在非洲地区的最为强悍的掠食者。

马普龙

马普龙的体形大于它们的近亲鲨齿龙和南方巨兽龙，目前发现的最大的马普龙体长约14.5米，体重约有12.5吨。这使得马普龙成了已知的第三大肉食性恐龙。

棘龙类——捕鱼能手

棘龙类包含两个亚科：重爪龙亚科和棘龙亚科。重爪龙亚科恐龙多以鱼类为食，而棘龙亚科恐龙的食物来源较为多样。

大部分肉食性恐龙的颌部宽而高

体长约9米　体重约3吨

臀高约2.5米

棘龙科的颌部扁而狭窄

鱼猎龙

不同于其他棘龙科恐龙，鱼猎龙的背帆分成两个段落。第一段背帆分布于背部，前后长度超过1米，倒数第二节背椎的神经棘最长。第二段背帆较为低矮，从臀部的脊椎延伸而出。

鱼猎龙背椎的神经棘末端较宽，外形呈梯形，而其他棘龙科的神经棘呈长方形。

重爪龙

重爪龙头部扁长，口中长满了细齿；前肢强壮，有三根强有力的手指，特别是拇指，粗壮巨大，有一只超过30厘米长的钩爪。

重爪龙不仅喜欢吃鱼，还很会抓鱼。它们的口鼻部很像鳄鱼头部的尖端，有助于将不断挣扎的鱼牢牢咬住。

体长9～10米，高3～4米

长的钩爪

拇指超过30厘米

棘龙是目前已知的体长最长的肉食性恐龙，体长可达 15 米，然而它们的重量却低于其他大型兽脚类。大部分时间，棘龙用两条腿走路，它们的臀高也明显低于其他体形相近的大型兽脚类掠食者。它们是目前发现的唯一会游泳的肉食性恐龙。棘龙的背棘高达 2 米，长棘之间有皮肤联结，形成了一个巨大的帆状物。科学家认为棘龙的长棘不仅是视觉展示物，也有调节体温的作用。

背棘高达 2 米

棘龙

臀高 2.7 ～ 4 米

重 4 ～ 6 吨

体长 12 ～ 15 米

体长 6 ～ 8 米

激龙

激龙的口鼻部相当狭窄，上颌骨前端长有矢状冠饰。考古学家曾在一副翼龙类化石中发现嵌入的激龙牙齿，说明它们可能会捕食翼龙类，但多数情况下，它们仍以鱼类为食。

驰龙类——灵巧、聪明的小家伙

驰龙类是一种身材细长的小型肉食性恐龙，它们的头部相对较大，口鼻部狭窄，眼睛向前，具有一定程度的立体视觉。有许多证据显示，驰龙类可能周身覆盖着羽毛。

有很多种类的恐龙体形会演变得越来越庞大，但驰龙类却越来越小。

驰龙

驰龙的头顶骨较为粗壮，口鼻部上下距离大，眼睛很大，视觉良好；颌部结构坚固，颈部弯曲，灵活。它们从头到脚都覆盖着松软的绒毛和原始羽毛。

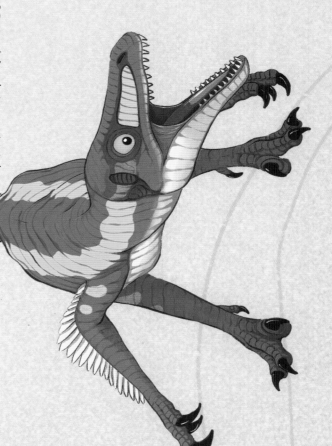

恐爪龙

恐爪龙是最著名的驰龙类恐龙之一，强健有力的大爪子是它们的捕食利器。

恐爪龙的前肢长有三只利爪，腕部也比别的肉食性恐龙更灵活，它们会用前肢抱住猎物，再用利爪撕扯对手的皮肉。

群体将狩猎的恐龙喜欢捕食个头较小的未成年腱龙。

犹他盗龙

犹他盗龙约是恐爪龙的两倍大，是驰龙科中最大型的物种，有近6米长。

强健的后肢可以让它们跳得很高，硕大的爪子可以让它们撕碎对手。

犹他盗龙的反应速度也很快，可以在1秒内对多种事物作出反应。

伶盗龙

伶盗龙又叫迅猛龙，它们的体形接近火鸡大小，是最小的驰龙类之一。

和其他驰龙类一样，伶盗龙长有一条僵硬的长尾巴，不能上举，但可以左右摇摆。伶盗龙与其他驰龙科的差异在于它们长有长而低矮的头预骨，以及朝上微翘的口鼻部。

阿基里斯龙

阿基里斯龙比其他驰龙科恐龙都要大，拥有强大的跟腱。

根据已发现的唯一一标本推测，它们的体长约有6米，属于大型驰龙科恐龙，主要生活在白垩纪时代的蒙古。

角鼻龙类

所有的角鼻龙类都用后肢直立行走，前肢较短，部分成员头上长有显著的头饰或角。

它们是一群肉食性兽脚类恐龙，从小型的始盗龙到大型的食肉牛龙，遍布当时大陆的每个角落。

始盗龙有 5 根"手指"，再后来出现的肉食性恐龙的"手指"数趋于减少，角鼻龙有 4 根"手指"，霸王龙就只剩下 2 根"手指"了。

体长约 1.5 米

双嵴龙

双嵴龙头上长着两片大大的骨冠，前肢短小，善于奔跑。它们的颌骨连接处并不牢固，牙根很浅，科学家怀疑，双嵴龙很可能是一种食腐恐龙。

角鼻龙

角鼻龙与其他兽脚类恐龙区别不大，它们的头部很大，前肢很短，有着粗壮的后肢和长长的尾巴。唯一特别的地方是，它们的鼻子上方长着一只短角。

轻巧龙

轻巧龙可能与似鸵龙拥有共同的祖
先。但因为从未发现它们的头颅骨，科学
家也无法确认它们是否属于似鸟龙类。我
们仅知道它们体形修长，胫骨长于股骨，
擅长奔跑，曾奔驰在非洲的大平原上。

食肉牛龙

食肉牛龙的名字里有"牛"，是因为它们头上长着两只
大角，看起来就像牛的犄角。

另外，它们的头部有点方，下颌又很细，前肢极为短小，
大多数兽脚类恐龙的前肢掌心朝向身体，而食肉牛龙的前肢
掌心略朝向后上方。

体长约 7.6 米

窃蛋龙类——杂食性的代表

窃蛋龙类，也称盗蛋龙类，它们和现代不能飞的鸟类较为接近，比如鸵鸟。它们的嘴部接近现代鸟喙，少数有牙齿的物种牙齿的数量也比较少，大多属于杂食性恐龙。它们周身覆盖有毛发或羽毛。

窃蛋龙是一种背了黑锅的恐龙，当初考古学家认为它们从植食性恐龙那里偷了蛋，所以才为它们取名"窃蛋龙"，其实它们只是在巢穴旁守护幼崽而已。

窃蛋龙

窃蛋龙是最像鸟类的恐龙之一。它们的体形较小，后腿很长，尾巴较短，前肢强壮，所有的手指和脚趾都长有锋利的爪子。

尾羽龙

尾羽龙和孔雀大小相当，周身覆盖着羽毛，整体外观很像鸟类。尾羽龙有明显的正羽，因此尾羽龙的存在成了鸟类演化自恐龙的明确证据。

窃螺龙

窃螺龙最与众不同的地方就是它们强有力的喙，它们经常要用喙夹开贝壳或其他有壳动物，如蜗牛。

没有牙齿、没有头冠的窃螺龙生活在白垩纪晚期食物较为丰富的海滨附近。

巨盗龙

巨盗龙体长约8米，属于大型窃盗龙类。它们喜欢吃浆果和种子，但其消化系统也能很好地适应肉类和蛋类。

强健的后肢使它们可以快速奔跑，相对发达的头部是它们聪明伶俐的标志。

葬火龙

葬火龙的学名来自梵语，意思是"火葬柴堆的主"，最大的葬火龙约3米长。

它们的头颅骨较短，头顶有较为明显的冠状物，喙嘴坚固，没有牙齿。

相比灵活的前肢，葬火龙的后肢长而健壮，长长的胫骨和趾骨能帮助它们在沙漠中快速奔跑。

似鸟龙类——短跑运动员

似鸟龙类与现代鸟类在形态上十分接近，只是长着长长的硬尾巴。它们的头部较小，多数似鸟龙类的上下颌没有牙齿，长着一双大眼睛，视野开阔。

同时，脚上强有力的三趾使它们能够快速奔跑；细长、顶端有爪的前肢也便于它们更灵巧地抓取食物。

似金翅鸟龙

似金翅鸟龙是一种形态小的似鸟龙类，它们的后肢短而重，肠胃较短；后肢具有四趾，与其他似鸟龙类相比，似金翅鸟龙只有三趾。与其他似鸟龙类相比，似金翅鸟龙口鼻部较钝，眼睛大。

体长 3.5 ~ 4 米，重约 85 千克。

似鸡龙

似鸡龙体长 4 ~ 6 米，它们可能是最大的似鸟龙类。

似鸡龙的身上没有羽毛，也没有翅膀。它们的前肢比后肢短，两掌各有 3 个利爪，可以很方便地抓取食物或者撕裂猎物。

似鸟龙

似鸟龙头部小巧，眼眶大，视力良好，颈和腿又细又长，嘴巴前端有角质喙，其中梳状构造可以切割粗纤维的植物。

虽然不会飞，但它们的翅膀可能有其他用处，如未爱或孵化幼崽。

有羽毛却不飞翔

似鸟龙类身上大多有绒羽覆盖，但只有成年个体的前肢长有大型羽片，这很可能与它们的繁殖行为有关。另外，似鸟龙类并没有发达的胸肌，加之体形较大，根本不可能飞翔。

似鹅龙

似鹅龙又名似雁龙，从已知的化石才得知，它们与其他似鸟龙类非常相似，只是前肢更强壮一些。

目前，似鹅龙只有一个标本，包含了大部分的前肢及后肢、部分肩膀、骨盆及脊椎。

似鸵龙

似鸵龙有一条硬硬的长尾巴，这有助于它们在高速奔跑时保持身体平衡。

似鸵龙是恐龙世界的短跑冠军，奔跑速度超过每小时48千米，它们的身体很轻，虽然长达4米，体重却不到150千克。

幻龙类

幻龙类有点像今天的海狮和海豹，它们是从陆生爬行动物演化而来的。部分幻龙类依然保留着爪形足，如果有必要，它们也能在陆地上行走。幻龙类大多有扁长形的尾巴和四条短腿，口腔内长满了钉子状的尖牙，身体通常呈流线型。

生活在三叠纪的幻龙类是海洋中较早的优势族群，科学家认为部分幻龙类演化出了后来的蛇颈龙类，如滑齿龙、浅隐龙。

色雷斯龙

色雷斯龙在游泳时会左右摆动长长的躯干和尾巴，利用桨状鳍肢来移动身体。

它们的头部很小，口腔内长满了尖利的小牙。它们的前肢长于后肢，这可能对快速移动中的急停和转向很有帮助。

色雷斯龙的头颅骨是已知幻龙类当中最短的，这使得它们成为幻龙类中外表最像蛇颈龙类的物种。

体长 1.2～4 米

欧龙

欧龙是幻龙类中的小家伙，体长约 60 厘米。它们的脖子比大部分幻龙类都要短，小小的脚趾对游泳帮助不是很大。

体长约 60 厘米

幻龙

幻龙是较早下水适应水生生活的陆地爬行生物。它们的颈部渐渐变长，四肢慢慢缩短，但又并未高度特化成鳍状肢，前后肢仍有五趾。

它们会像海豹一样在水中捕猎，在岸边休息。细长的钉状牙齿相互闭合时，任何猎物都难以逃脱。

蛇颈龙类

蛇颈龙类是恐龙时代最常见的海生爬行动物之一，它们从侏罗纪一直生存到了白垩纪晚期。作为海洋生物的优势族群，蛇颈龙类主要分为两种：长颈蛇颈龙和短颈蛇颈龙。

长颈蛇颈龙长着蛇状长颈和细小、精巧的头部；短颈蛇颈龙拥有硕大的脑袋和布满尖牙的大颌。

蛇颈龙类是侏罗纪至白垩纪最大型的海生动物类群，甚至比它们的后继者沧龙类还大。

蛇颈龙

蛇颈龙经常会把脖子伸到海面之上寻找猎物，一旦发现猎物便一口咬住。它们的口鼻部很短，但嘴巴却可以张得很开，下颌里长着许多圆锥状的牙齿。

小脑袋、长脖子、像乌龟一样宽阔的身体、短短的尾巴以及两对大且细长的鳍状肢，是它们最显著的特征。

体长可达 10 米

克柔龙

克柔龙是世界上最大的短颈蛇颈龙之一，光是头部就长达 3 米。与其他的蛇颈龙不同，克柔龙在演化过程中，颈部大幅缩短，体长也明显缩短，因此，它们的游动速度越来越快，运动方式也更加复杂。但是和所有的蛇颈龙类一样，它们也需要浮到水面上来呼吸。

体长 4 ~ 5 米

巨板龙

巨板龙的脖子由 29 块椎骨组成，比脑袋要长一倍。它们的四肢已经特化成鳍状，头部较小，身体呈流线型，非常适应海洋生活，以各种鱼类为食。

体长约 6 米

滑齿龙

滑齿龙的外形很像鲸鱼——粗短的脖子、流线型的身体，是有史以来最强大的肉食性动物之一。

滑齿龙游泳的速度并不快，但却有着极强的爆发力，能够在短时间内达到非常高的速度。借着强大的冲击力，滑齿龙张开血盆大口撕咬猎物，直至将对方杀死。

浅隐龙

浅隐龙属于小型蛇颈龙类，它们的体形与海豹相似。浅隐龙的颌部闭合时，牙齿会相互锁合，即使很小的鱼虾也逃不掉。

恐龙时代的其他生物

在亿万年间的恐龙世界里，生活着一些似恐龙而非恐龙的大型生物，科学家们将它们做了分类。

沧龙类

不是恐龙

白垩纪晚期，海洋中还生活着另一群凶猛的巨兽，它们就是沧龙类。它们不属于恐龙，而是由一类小型陆生蜥蜴演化而来。

为了生存而进化

崖蜥是生存于晚白垩世的半水生爬行动物，因为陆地恐龙的威胁，它们被迫逃入水中，慢慢进化成了沧龙类。为了适应海洋生活，它们的四肢渐渐变成了鳍状肢，躯体也借由海水浮力变得越来越大。

板果龙

板果龙属中型沧龙类。与海王龙相比，它们的牙齿较窄，多以小型或较软的猎物为食。板果龙虽然体形较小，但却是当时数量最多的沧龙类之一，世界各地都有发现它们的化石，在北美地区尤为常见。

海王龙

海王龙是西部内陆海道中的顶级掠食者。它们进化出了其他沧龙类所没有的圆筒状的前上颌骨，可以撞击、打晕猎物。

与其他沧龙类相比，海王龙的体态更加丰满。

海王龙对气味非常敏感，在它们颀长、粗大的嘴里有许多神经末梢，便于它们在水中准确嗅到猎物的气息。

体长可达 17 米

沧龙

生活在浅海中的沧龙多采用伏击战术捕食猎物，而不是长距离奔袭。鱼类、乌贼和贝类都是它们可口的食物。沧龙身体细长，头部较大，颈部短而粗，尾巴几乎和身子等长，行动时做蛇状扭曲，四肢起掌舵作用。虽然它们的视力很弱，但嗅觉和听觉却异常发达。

鱼龙类

三叠纪末期，当恐龙还在与鳄鱼争夺陆地统治权的时候，鱼龙类早已在海洋中繁盛了几千万年，它们是海生爬行类的先驱。

鱼龙类最初是由陆生爬行类演化而来，到了侏罗纪时代，已经很好地适应了海洋生活的鱼龙类不仅具有良好的水下视力，还特化出了强有力的垂直尾翼，这让它们能够在中生代广阔的海洋中纵横驰骋，繁盛一时。

1811年，12岁的玛丽·安宁在今天被称为侏罗纪海岸的莱姆里杰斯，发现了第一具完整的鱼龙类化石。她后来自学成才，成为一名出色的化石猎人。

鱼龙化石

体长可达16.5米

喜马拉雅鱼龙

喜马拉雅鱼龙生活于晚白垩世的中国西藏。

喜马拉雅鱼龙的发现证明了被称为"世界屋脊"的青藏高原地区，在2亿多年前曾是鱼龙类出没的一片汪洋大海。

鱼龙

鱼龙的眼睛非常大，吻部很长，牙齿尖锐。跟海豚一样，它们虽然能在水中捕食、繁殖，但却必须回到水面来呼吸。头足类（类似现在的乌贼等）是鱼龙的主要食物，除此之外，鱼龙还吃远古鱼类和其他海洋动物。

体长 15 ~ 21 米

肖尼鱼龙

肖尼鱼龙是鱼龙类成员中的大家伙，它们的眼睛巨大却没有牙齿，颌部极长，鳍呈桨状，长短相近。

体长 2 ~ 4 米

大眼鱼龙

大眼鱼龙的身体呈泪滴形，尾鳍呈半月形。眼睛直径长达 10 厘米，几乎占据了整个头颅骨空间，并有巩膜骨环保护，可协助眼睛在深水中维持形状，能够在光线微弱的深水中进行猎食。

翼龙类——会飞的爬行动物

翼龙是最早称霸天空的脊椎动物，目前已经发现的翼龙有 120 多种。

中生代时，翼龙遍布大陆的每个角落，并演化出了不同的大小和形态。它们之中最小的体形和麻雀相当，最大的翼龙翼展近 12 米，与一架小型飞机差不多宽。

翼龙类的骨头中空，内有空气，类似现代鸟类的骨头。大部分翼龙类具有修长的口鼻部。它们嘴部多布满针状牙齿；而某些衍化物种则没有牙齿，具有类似现代鸟类的狭长喙状嘴。

翼龙类同样不是恐龙

虽然翼龙类与恐龙生活在同一年代，名字中也有"龙"，但它们并不是恐龙，而是会飞行的爬行动物。

翼龙类在演化过程中，尾巴逐渐缩短，脖子不断变长，头骨也随着脑组织的增大比之前更长了。

翼龙演化示意图

第一至三指生长在翼膜外侧，变成钩状的小爪，第五指退化消失

第四指加长变粗成为飞行翼指

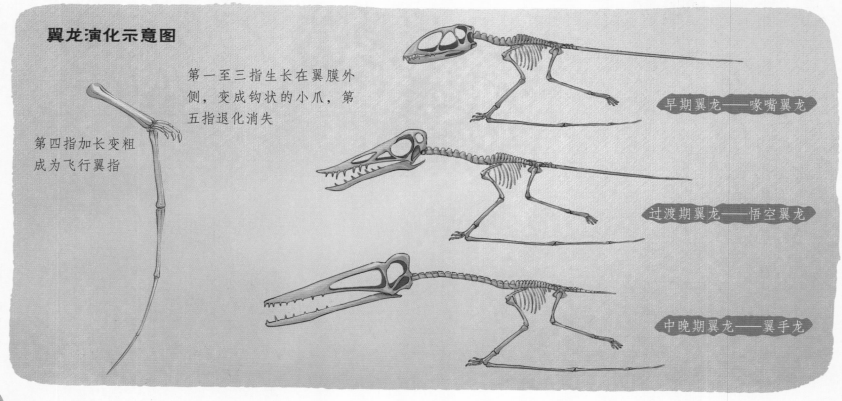

早期翼龙——喙嘴翼龙

过渡期翼龙——悟空翼龙

中晚期翼龙——翼手龙

喙嘴翼龙类

喙嘴翼龙类是非常古老的翼龙种群，它们有着长长的尾巴和短短的脖子，主要生活在中生代的欧洲大陆。

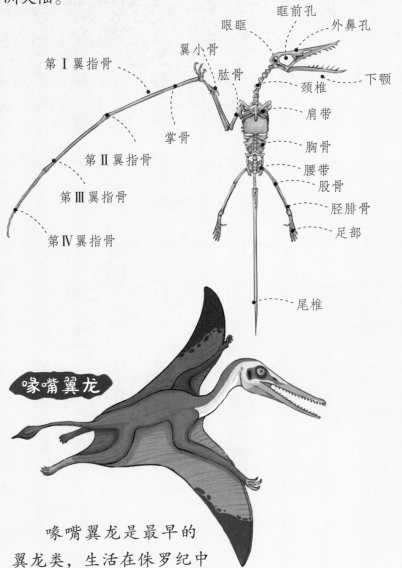

第I翼指骨
眼眶
眶前孔
外鼻孔
翼小骨
肱骨
颈椎
下颚
掌骨
肩带
第II翼指骨
胸骨
腰带
股骨
第III翼指骨
胫腓骨
第IV翼指骨
足部
尾椎

喙嘴翼龙

喙嘴翼龙是最早的翼龙类，生活在侏罗纪中期到晚期。它们的尾巴很长，末端有一个舵状的皮膜。之前也被叫作"长尾翼龙"。它们的翅膀从前到后长着细细的纤维，长颌部里长满了锋利的牙齿，鱼类是喙嘴翼龙喜欢的食物。

翼手龙类

翼手龙类是较晚出现的翼龙类，也是已知最繁盛的翼龙类。较之喙嘴翼龙类，它们的体形更大。短尾巴、长脖子、长头骨是它们的主要特征。

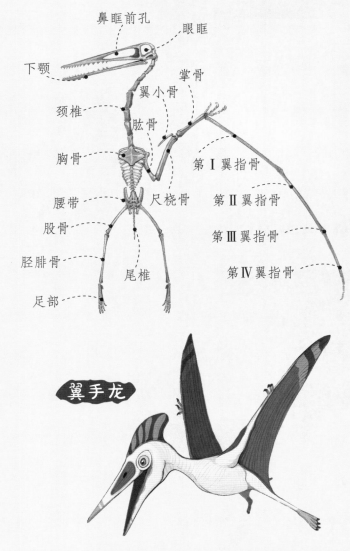

鼻眶前孔
眼眶
下颚
掌骨
颈椎
翼小骨
肱骨
胸骨
第I翼指骨
腰带
尺桡骨
第II翼指骨
股骨
第III翼指骨
胫腓骨
尾椎
第IV翼指骨
足部

翼手龙

翼手龙生活在距今约1.5亿年前的晚侏罗世，翼展约70～100厘米。比起早期的喙嘴翼龙类，翼手龙的尾部巴大为缩短，前部的背椎已愈合成联合脊椎，颈部更长，这让它们更擅长翱翔于天际。

捕鱼

翼龙类细长的颌部和利齿非常适合捕鱼。当然，小昆虫和植物也可能是它们的食物。

抚育后代

翼龙类不像其他爬行动物那样下完蛋就任其自生自灭了，而是花时间耐心地照顾自己的幼崽。

翼龙类的家族成员

早期翼龙类

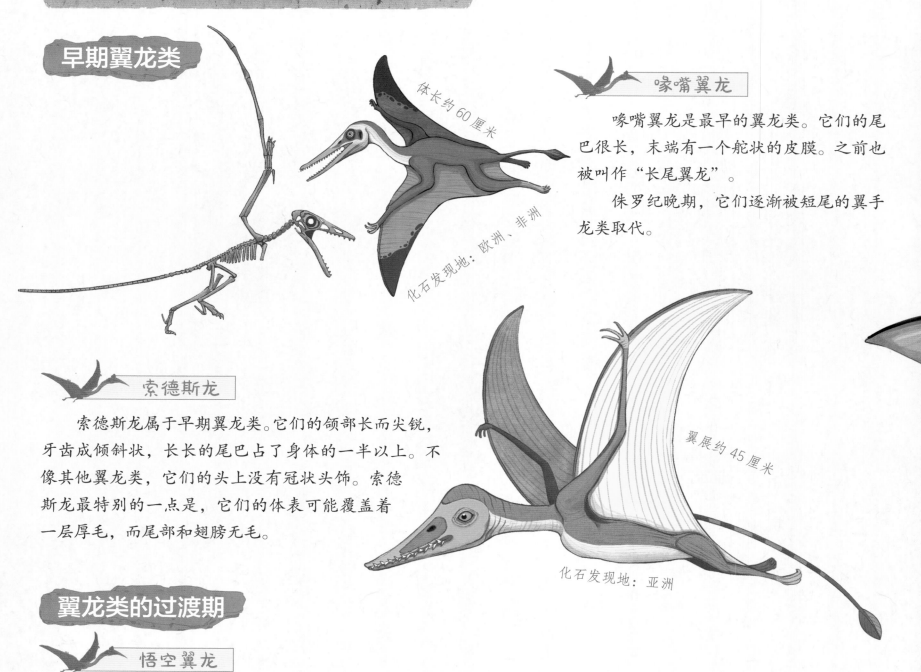

体长约 60 厘米

化石发现地：欧洲、非洲

喙嘴翼龙

喙嘴翼龙是最早的翼龙类。它们的尾巴很长，末端有一个舵状的皮膜。之前也被叫作"长尾翼龙"。

侏罗纪晚期，它们逐渐被短尾的翼手龙类取代。

翼展约 45 厘米

化石发现地：亚洲

索德斯龙

索德斯龙属于早期翼龙类。它们的颌部长而尖锐，牙齿成倾斜状，长长的尾巴占了身体的一半以上。不像其他翼龙类，它们的头上没有冠状头饰。索德斯龙最特别的一点是，它们的体表可能覆盖着一层厚毛，而尾部和翅膀无毛。

翼龙类的过渡期

悟空翼龙

悟空翼龙既具有喙嘴翼龙类的特征，也具有翼手龙类的特征。它们属于翼龙类演化的过渡阶段。

它们有着喙嘴翼龙类的长尾和发达的第五脚趾；也有着翼手龙类的长翼掌骨和长长的颈椎，并且牙齿长在吻端。

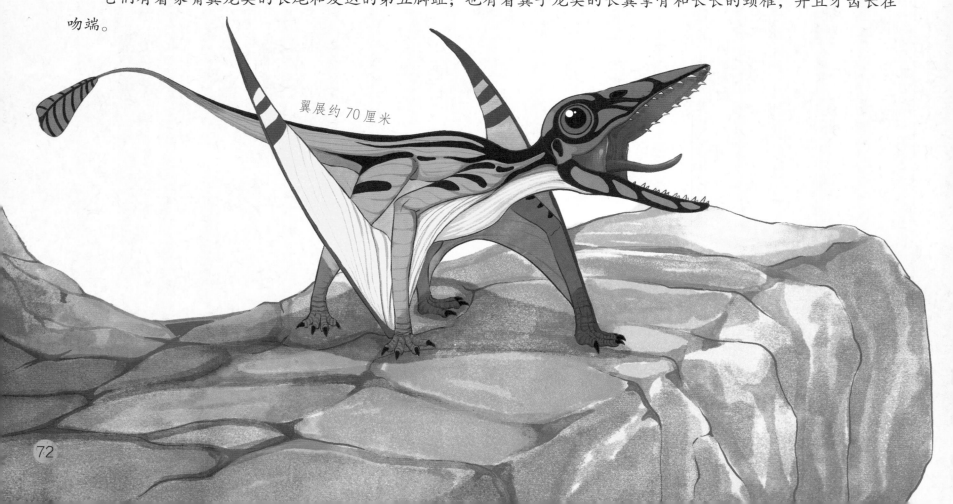

翼展约 70 厘米

翼龙的繁盛期

无齿翼龙

无齿翼龙的身体较短，没有尾巴，头部长有巨大的头饰。这可能是为了展示与求偶。

翼展约 8.2 米

体长约 1.8 米

体长约 3 米

翼展约 5 米

雷神翼龙

雷神翼龙口腔内没有牙齿，头部长着形状奇特的冠饰。

风神翼龙

风神翼龙也被叫作"羽蛇神翼龙"。它们的翼展超过 11 米，是目前已知最大的飞行生物。

风神翼龙的骨骼非常轻，这么大个头仅重 250 千克。它们经常会在白天做远距离飞行，捕食小型恐龙和恐龙幼崽。

恐龙的逝去与遗留的子民

　　6500 万年前的某一天，一颗直径约 10 千米的宇宙陨石突然在北美洲的墨西哥湾坠落，撞击产生的大量尘埃和火山灰被抛入大气，遮蔽了天空，地球陷入了长达数年的黑暗。

　　繁衍了近 1.6 亿年、统治地球时间最长的恐龙在这次撞击中彻底灭绝了。

陨石坑

因这次陨石撞击地球事件而形成的希克苏鲁伯陨石坑，平均直径达 180 千米。

幸存者

恐龙虽然灭绝了，但地球上的生命并没有完全灭绝。鸟类在随后的世代逐渐繁盛起来，原本在恐龙时代弱小的哺乳类动物，也躲过了这次灭绝之灾，繁衍至今。

鸟类诞生于侏罗纪，是两足兽脚类恐龙的后裔。

哺乳类动物

图书在版编目（CIP）数据

自然简史．恐龙探索之旅 ／ 恐龙小Q少儿科普馆编
．— 北京：北京日报出版社，2022.5
ISBN 978-7-5477-4187-0

Ⅰ．①自… Ⅱ．①恐… Ⅲ．①自然科学史－世界－少
儿读物 ②恐龙－少儿读物 Ⅳ．①N091-49 ②Q915.864-49

中国版本图书馆CIP数据核字(2021)第252475号

自然简史　恐龙探索之旅

出版发行：北京日报出版社

地　　址：北京市东城区东单三条8-16号东方广场东配楼四层

邮　　编：100005

电　　话：发行部：（010）51145692

　　　　　总编室：（010）65252135

印　　刷：北京天恒嘉业印刷有限公司

经　　销：北京大唐盛世文化发展有限公司

版　　次：2022年5月第1版

　　　　　2022年5月第1次印刷

开　　本：787毫米×1092毫米　1/8

印　　张：10.5

字　　数：120千字

定　　价：158.00元